升级版 4

这就是物理

LIGHT光

米莱童书　著·绘

北京理工大学出版社
BEIJING INSTITUTE OF TECHNOLOGY PRESS

每个孩子从出生起，就对世界充满了好奇，如果想要了解世界，物理学就不可或缺。物理学是我们认识世界的桥梁，它揭示了事物发生和发展的客观规律，更是许多科学的基础。但是物理的概念繁多，知识点之间的关联性很强，对于刚接触物理的孩子来说，有些复杂难懂。

如何将复杂的物理知识，生动有趣地展现给孩子，就显得十分重要了。《这就是物理·升级版》就是专为孩子们打造的物理学科启蒙图书，以趣味漫画的形式将严肃的科学原理与生活中的有趣现象联系起来。比如：声音是怎么产生的？冰箱、电视等电器的电是怎么来的？为什么洒在地上的水过一会儿就不见了？为什么下雨后会有彩虹？为什么汽车车轮胎有花纹是为了增加摩擦，而汽车车轮轴又要加润滑油以减小摩擦……

不仅如此，在这里，还有物质、能量、声、光、电、磁、力，这些物理概念化身成一个个活泼可爱的主人公，为我们一点点展现奇妙的物理世界。大到宇宙天体、小到基本粒子，从日常生活到前沿科技，这套书将严肃枯燥的理论，由浅入深、轻松有趣地表达出来，十分适合喜欢物理的孩子阅读。

希望这套物理启蒙漫画书能够让孩子们喜欢上物理，并帮助孩子们在知识的海洋中尽情遨游。

中国工程院院士、电子光学和光电子成像专家

周立伟

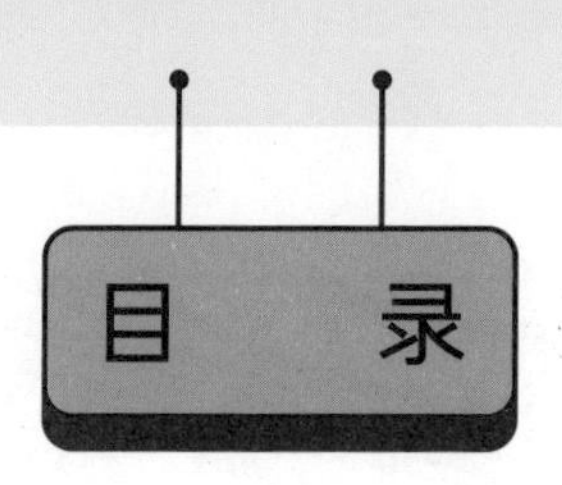
目 录

光从哪里来?

能发光的物体叫作光源，在你的身边就有很多光源。

夜晚人们会用电灯照明，这样出行、做事也可以像白天一样便利。

这里的光很微弱，还是被我发现了。是蜡烛！没错，它可以发出烛光。

四通八达的光

太阳升起来啦！它是地球最大的光源，给我们带来光和热。
真空中的光速，是宇宙中最快的速度，达30万千米/秒。按照光速移动，1秒钟大约能绕地球7.5圈。
太空中没有空气，是真空环境，我们在白天可以看到太阳，在夜晚可以看到星星，是因为光的传播不需要介质。

除了真空环境，光也可以在气体、液体和透明的固体中传播。
我们可以看到绚丽多彩的霓虹灯，说明光可以在空气中传播。
我们可以看到海水中晶莹剔透的发光水母，说明光可以在液体中传播。
阳光可以透过窗玻璃照射进屋内，说明光也可以在透明的固体中传播。

光沿直线传播

进入屋里的光线是直的。

在有雾的天气里，我们可以看到，透过树丛的阳光也是直的。

夜晚，从汽车前灯射出的光线是直的。

电影放映机射向荧幕的光束也是直的。

这些现象都说明，在空气中，光是沿直线传播的！

那么，光在固体和液体中，是不是也沿直线传播呢？
固体
液体

我往盛水的透明鱼缸里滴入几滴牛奶，并搅拌均匀。
milk

然后用激光笔将一束光射入其中，你会发现，水中的光线也是直的。

这是一块透明的玻璃砖，当我用激光笔向玻璃砖内垂直射入光线时，我们可以看到，光线的传播路径也是直的。

影子是如何形成的？

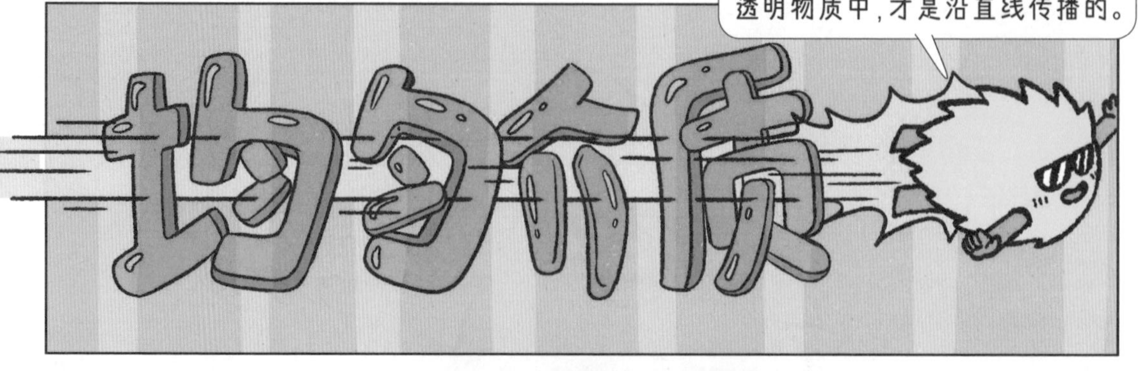
需要注意的是，光只有在同种均匀介质，比如空气、玻璃和水等透明物质中，才是沿直线传播的。
均匀介质

在我们的生活中，也有很多不透明的物质。比如墙壁、树木、窗帘，还有你。

光无法穿过这些不透明的物体。

当不透明的物体遮挡住直射过来的光线，就会在地面或墙面形成较暗的区域，就是我们常说的影子。

中国的文化遗产皮影戏也是利用了光沿直线传播这一特性。
这些在表演时用的平面人偶，常用兽皮或纸板做成，光线无法穿透它们，就在幕布上留下了影子。
艺人师父在幕布后面一边配音、一边操纵这些人偶，我们就看到了生动有趣的皮影戏。

光像皮球一样弹弹弹

光线有强有弱，但人们能看到事物，一定是因为有光！

但并不是所有的物体都会发光，那人们是怎样看到不发光的物体的呢？

你看这个皮球，当我竖直地向下拍它，它会竖直地反弹回来。

哦！痛死我啦！

当我倾斜地向下拍球，
球也会倾斜着反弹出去。

光和皮球一样，在遇到水面、墙面等很多物体的表面时也会发生“反弹”，这被称为光的反射。

例如，水面会反射阳光。

黑板会反射教室里的灯光。

我们能够看见不发光的物体，就是因为物体反射的光进入了我们的眼睛。
月球本身不会发光，太阳光照射在月球上，然后发生反射，就有了我们看到的“月光”。
我不生产光，我只是光的反射工。
反射

漫反射与镜面反射

当阳光照射在地面上，无论从哪个方向看，都能看到地面被照亮了，但不会感到刺眼。

当阳光照射在大楼的玻璃窗上，我们迎着反射光的方向可以看到刺眼的光。
XX大厦
而当我们看向地面，却看不到反射的阳光。这又是为什么呢？

原来啊，地面是凹凸不平的，这样的表面会把平行的入射光线向着四面八方反射，这种反射叫作漫反射。
如果在显微镜下观看，我们的桌面、书本表面其实也是凹凸不平的，它们会把台灯的光向四面八方反射。所以我们在看书写字时，才不会觉得光线刺眼。
而这些玻璃窗的表面十分光滑，一束平行光照射到上面后，会被平行地反射，这种反射叫作镜面反射。

当你照镜子的时候，镜子外面有一个你，镜子里面还有一个“你”。镜子里的这个人，就是你的“像”。
水中倒影就是群山的“像”。
你有没有思考过，为什么会这样呢？
这是因为，光线到了镜子上，又被镜子反射到我们的眼睛里，于是我们就看到了自己或物体的“像”。
但我们的眼睛习惯了光线是沿着直线传播的，所以会觉得这个“像”就是在镜子里面的。

光线被“折断”了

当我们把一根筷子放进装有水的杯子里，会发现筷子好像被折断了。

我们在游泳池边看池底，会感觉水池浅浅的。

这是为什么呢？我们一起来做个实验看看。

当一束激光从空气射入水中时，我们会发现它的传播方向发生了偏折，也就是发生了折射。

同样地，从水里射入空气的光线也会发生折射。
我们观察水里的筷子，其实是看从水中折射出来的光线。我们的眼睛习惯了光线是沿直线传播的。
当我们逆着偏折的光去看水里的筷子，它就像是折断了一样。
清澈见底、看起来不过齐腰深的池水，不会游泳的人千万不要贸然下去，因为它的实际深度会超过你看到的深度。

在夏天的海面上，还会出现一种奇幻的自然现象，这种现象也是光的折射造成的。
我们已经知道，光在同种均匀的介质中沿直线传播，如果介质疏密不均，光就不会沿直线传播，会发生折射。

温度高
密度小
夏天空气较热，但是海水比较凉，海面附近空气的温度比上面的低，空气热胀冷缩，上层的空气比下层的空气稀疏。
上层空气
下层空气
温度低
密度大
海平面

来自海平面以下的这些远处建筑物的光，原本不能达到我们的眼中，但有一些反射向空中的光，经过这些疏密不同的空气时，发生了折射，逐渐弯向地面，然后就被人们看见了。
因为人们的眼睛已经习惯了光是沿着直线传播的，所以大脑的第一反应就是——哦，它们是飘浮在半空中的。这种奇特的景观叫作海市蜃楼。

改变光线的透镜

我们也可以用透镜来
让光线发生折射。

这是一个凸透镜，
它的中心厚、边缘
薄，当光线经过时，
会发生会聚。
凹透镜与凸透镜相
反，它中心薄、边
缘厚。当光线经过
时，会发生发散。

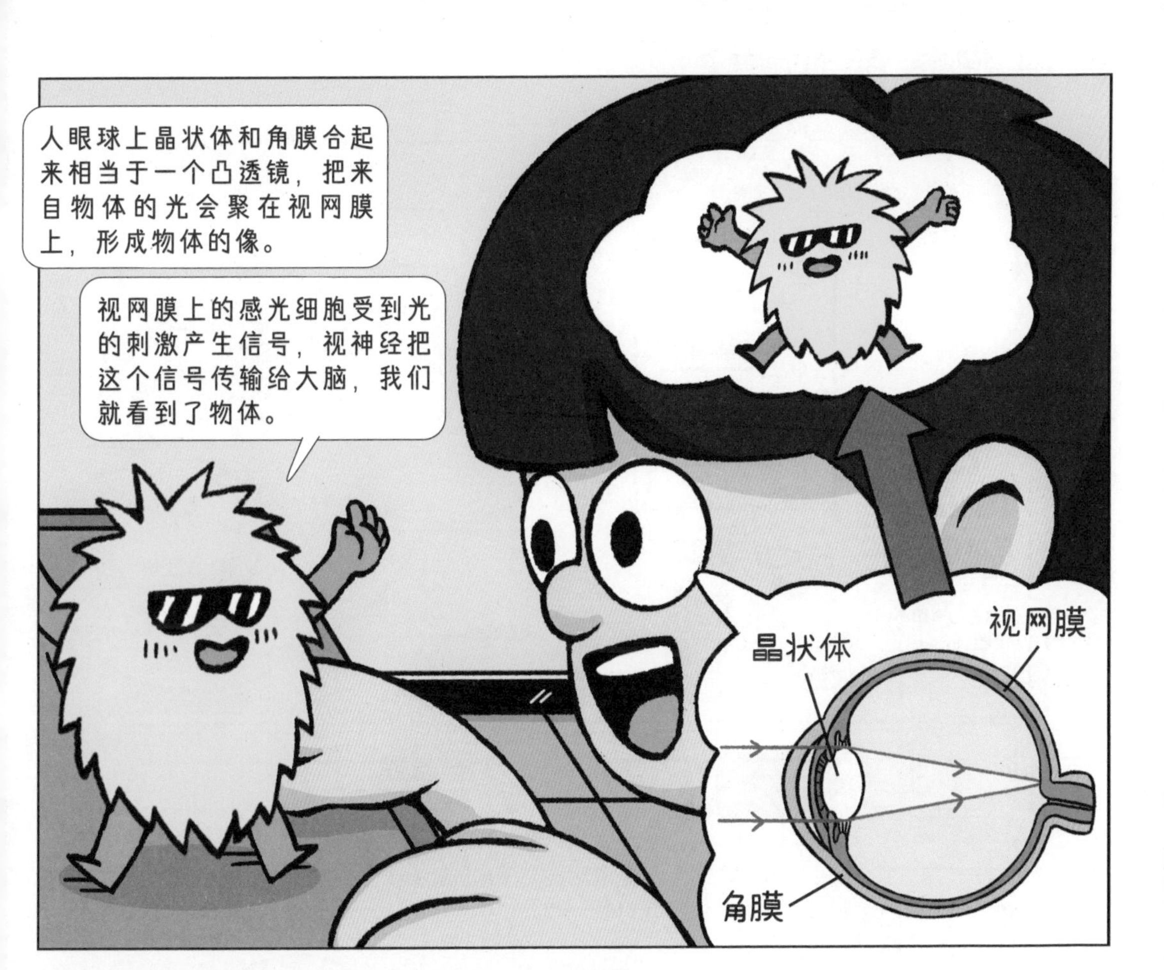
人眼球上晶状体和角膜合起来相当于一个凸透镜，把来自物体的光会聚在视网膜上，形成物体的像。
视网膜上的感光细胞受到光的刺激产生信号，视神经把这个信号传输给大脑，我们就看到了物体。
晶状体
视网膜
角膜

晶状体的厚薄可以进行调节，来适应来自近处和远处的不同光线。

但是，晶状体的调节能力可能会变弱，这时候该怎么办呢？

调节视力的眼镜

保护视力
小贴士
近视眼的形成原因是晶状体变厚，折光能力变强，导致来自远处的光会聚在视网膜前，到达视网膜时就形成了一个模糊的光斑。
下。
这时，我们可以佩戴由凹透镜制成的近视眼镜，将光线适当发散，使物体的像准确地落到视网膜上。

哎，老啦，看不清喽！
远视眼就是爷爷奶奶常说的“老花眼”，它的形成原因则是晶状体太薄，折光能力太弱，来自近处的光还没有会聚成一点就到达视网膜了，也形成了一个模糊的光斑。

这时就需要在眼睛前面放一个合适的凸透镜，也就是“老花镜”，使原本在视网膜后会聚的光线，提前在视网膜上会聚。

打开光的“调色盘”

这是一个三棱镜*，它可以折射光。
* 三棱镜是横截面为三角形的透明柱体，一般由玻璃制成。

这证明了白光是由各种色光混合而成的！
太阳光是白光，它通过棱镜后会被分解成各种颜色的光，这就是光的色散。
打开光的“调色盘”，里面有红、橙、黄、绿、蓝、靛、紫！

光为什么会发生色散呢？

我偏折的程度最小。
这是因为，不同颜色的光在进入三棱镜后，它们折射的角度不同，也就是它们路线偏折的程度不同。
我偏折的程度最大。

因此在离开三棱镜时，它们就会各自散开，按照自己的路径继续传播，就形成了各种单色光。

彩虹也来源于光的色散。刚下完雨，空气中留存的小水滴就如同三棱镜，当阳光照射到小水滴上，发生色散，就出现了彩虹。

光让世界变得五彩斑斓

当不同的光进入我们的眼睛，我们就看到了对应的颜色。

在公园里，我们会发现，有红色的花，绿色的树。

因为这朵花吸收了其他颜色的光，只反射了红光，所以我们看到它是红色的。

而树叶中的叶绿素主要吸收红光、蓝光和紫光，最不吸收绿光，所以我们看到的大多数植物的叶子是绿色的。

大海会“选择”自己想呈现出来的颜色。

蓝
紫
海水总是吸收红光、橙光和黄光，反射蓝光和紫光。所以，大海看起来总是蔚蓝色或深蓝色的。

可以说，我们看到的彩色世界，都是物体将特定颜色的光反射到了我们眼中。大脑对这些不同的光进行命名，就有了人们常说的各种颜色。

奇妙的三色光

实验发现，人类肉眼对红光、绿光、蓝光的感受特别强烈。
这是因为，人眼的视网膜上有三种感色视锥细胞。
我对绿光敏感。
我对红光敏感。
我对蓝光敏感。
当一束复色光刺激人眼时，这三种感光细胞可以将其分解为红、绿、蓝三种单色光，然后再混合成一种颜色。

红光加绿光可产生黄光，蓝光加绿光会产生青光，红光加蓝光会出现品红色的光。而红、绿、蓝三种色光相加，就是白光。
只要适当调整这三种光线的强度，就可以让人类感受到“几乎”所有的颜色，因此红、绿、蓝这三种颜色，也被称为光的三原色。
彩色电视机的荧光屏上交替排列着红、绿、蓝三种颜色的荧光粉，我们在电视机中看到的丰富色彩，就是由三原色光混合而成的。

看不见的光

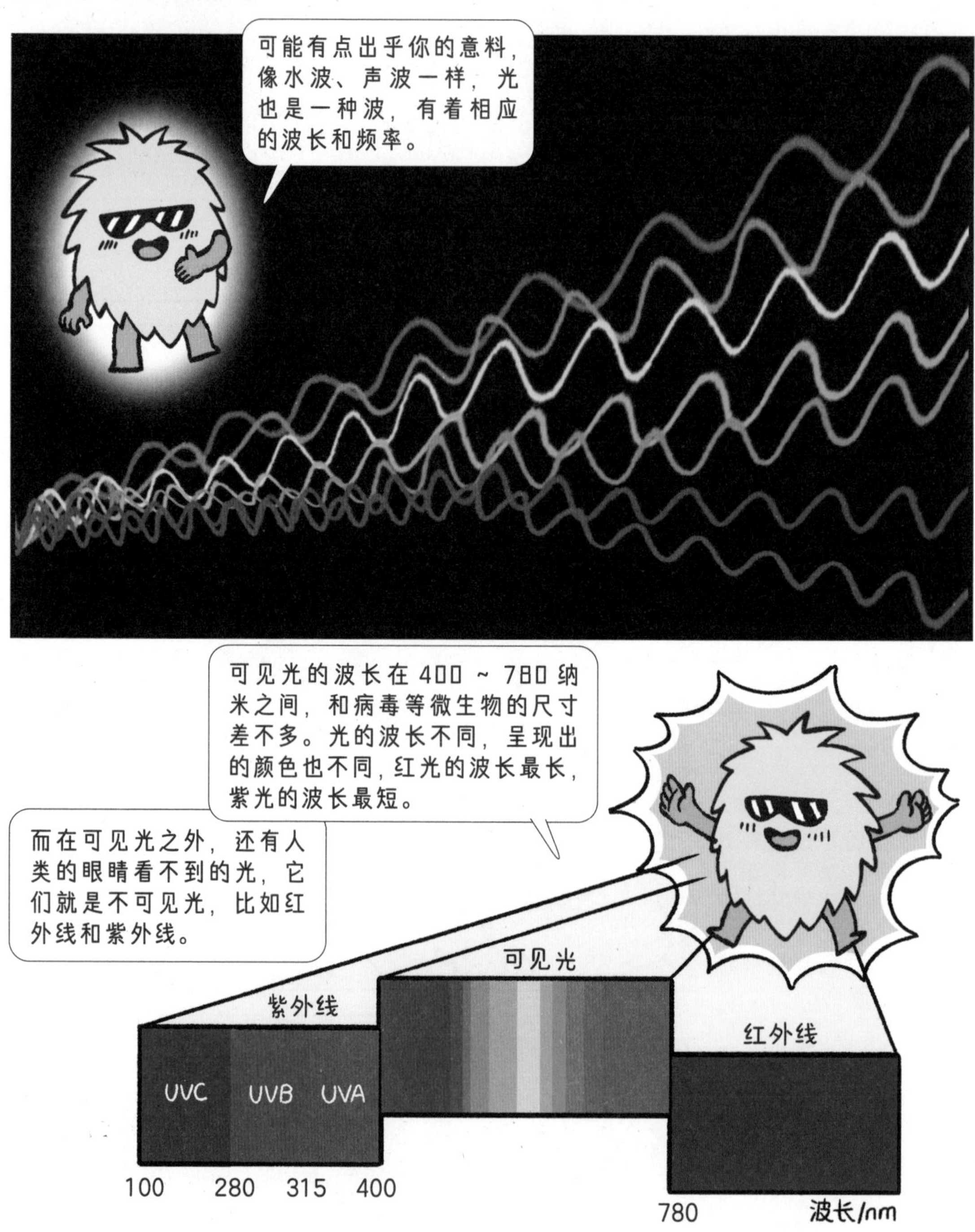

可能有点出乎你的意料，像水波、声波一样，光也是一种波，有着相应的波长和频率。
可见光的波长在400 ~ 780纳米之间，和病毒等微生物的尺寸差不多。光的波长不同，呈现出的颜色也不同，红光的波长最长，紫光的波长最短。
而在可见光之外，还有人类的眼睛看不到的光，它们就是不可见光，比如红外线和紫外线。
可见光
紫外线
红外线
UVC
UVB
UVA
100
280
315
400
780
波长/nm

不可见光在我们的生活中也发挥着十分重要的作用。晒被子可以杀菌，就是利用了紫外线对微生物构成的破坏力。

人们还发明了紫外线灯，医院的手术室、餐厅的备餐区，还有食品加工厂，都可以用它来杀菌。

红外线具有穿透性强，并且不容易受到其他光线影响的特点。遥控器就是利用红外线对电视进行调节的。

夜间的可见光很弱，但红外线十分丰富。红外线夜视仪可在夜间捕捉影像，可以应用在动物观测等领域。

捕捉身边和宇宙中的光

在我们的生活中，还有很多东西的设计与光学的原理有关。拍照就是一个捕捉“光影”的过程。

相机一定会有镜头，镜头是由一组透镜组成的，相当于一个凸透镜。

对于早期的胶片相机，来自物体的光经过镜头后会聚在胶片上；而我们现在常用的数码相机，则是让光经过镜头后聚在图像感应器上。

投影仪在生活中也很常用，比如老师讲课时会用投影仪将电脑上的画面投到大屏幕上。

投影仪也是利用凸透镜来成像的。来自投影片的光，透过凸透镜后，会聚在屏幕上，就形成了图案的像。
屏幕
像
镜头
投影片

此外，用来观察细胞的显微镜和用来观察宇宙的望远镜，也都是利用透镜的原理来设计的。

宇宙很大很大，用日常生活中常用的米、千米等长度单位来度量它根本不够用，宇宙中所使用的长度单位是“光年”，是光一年里行走的距离。
在银河系的左右两侧，有牵牛星和织女星，牛郎织女鹊桥相会的浪漫故事就来自古人对宇宙的浪漫想象。
如果你在晴朗的夜晚仰望星空，会看到空中有一条带状的星云，这就是银河系，地球也在银河系中。

我是哈勃空间望远镜，在我观测到的目标中，最远的是距地球 130 亿光年的原始星系，这有助于帮助人类研究宇宙诞生的初始状态。
天文学家可以借助不同类型的太空设备，获得更多的宇宙信息。
实际上，牵牛星距离地球 16.7 光年，织女星距离地球 25.3 光年，也就是说，如果你此刻去观察牵牛星和织女星，看到的是一二十年前发出的光。
我是光，我带来遥远宇宙的信息，也围绕在你的身边时刻陪伴着你。在未来，你愿意发现更多关于我的秘密吗？

角色卡

·姓名 光

·年龄 和宇宙的年纪一样大

·装备 透镜

透镜可以改变光的传播方向。凸透镜中间厚边缘薄，能够把光会聚到一起；凹透镜中间薄边缘厚，能够把光发散开来。

·普通技能 沿直线传播

·特殊技能 拥有全宇宙最快的速度

·天赋 有 7 个颜色不同的分身

·武学 隐身术

光分可见光和不可见光，不可见光是波长小于 400 纳米或大于 780 纳米的光。

·关联物品 照相机、显微镜、望远镜

·行动范围 全宇宙

米莱童书

米莱童书是由国内多位资深童书编辑、插画家组成的原创童书研发平台。旗下作品曾获得 2019 年度“中国好书”，2019、2020 年度“桂冠童书”等荣誉；创作内容多次入选“原动力”中国原创动漫出版扶持计划。作为中国新闻出版业科技与标准重点实验室（跨领域综合方向）授牌的中国青少年科普内容研发与推广基地，米莱童书一贯致力于对传统童书进行内容与形式的升级迭代，开发一流原创童书作品，适应当代中国家庭更高的阅读与学习需求。

策 划 人： 刘润东　魏　诺

统筹编辑： 秦晓英

原创编辑： 窦文菲　秦晓英　张婉月

漫画绘制： Studio Yufo

专业审稿： 北京市赵登禹学校物理教师 张雪娣

装帧设计： 刘雅宁　张立佳　辛　洋　刘浩男　马司雯　朱梦笔

图书在版编目（CIP）数据

这就是物理：升级版：全10册 / 米莱童书著、绘
. -- 北京：北京理工大学出版社, 2023.6（2024.12重印）
ISBN 978-7-5763-2374-0

Ⅰ. ①这… Ⅱ. ①米… Ⅲ. ①物理学－青少年读物
Ⅳ. ①O4-49

中国国家版本馆CIP数据核字(2023)第082201号

出版发行 / 北京理工大学出版社有限责任公司
社　　址 / 北京市丰台区四合庄路 6 号
邮　　编 / 100070
电　　话 /（010）82563891（童书售后服务热线）
经　　销 / 全国各地新华书店
印　　刷 / 朗翔印刷（天津）有限公司
开　　本 / 710毫米 × 1000毫米　1 / 16
印　　张 / 25
字　　数 / 600千字
版　　次 / 2023年6月第1版　2024年12月第12次印刷
定　　价 / 200.00元（全10册）

责任编辑 / 封　雪
文案编辑 / 封　雪
责任校对 / 刘亚男
责任印制 / 王美丽